U0660168

地理发现之旅

谢登华 编著　丛书主编 周丽霞

湖泊：自然佩戴的明珠

汕头大学出版社

图书在版编目（CIP）数据

湖泊：自然佩戴的明珠 / 谢登华编著. -- 汕头：
汕头大学出版社，2015.3（2020.1重印）
　（学科学魅力大探索 / 周丽霞主编）
　ISBN 978-7-5658-1724-3

　Ⅰ．①湖… Ⅱ．①谢… Ⅲ．①湖泊－世界－青少年读
物 Ⅳ．①P941.78-49

　中国版本图书馆CIP数据核字（2015）第028207号

湖泊：自然佩戴的明珠　　　　　HUPO：ZIRAN PEIDAI DE MINGZHU

编　　著：谢登华
丛书主编：周丽霞
责任编辑：胡开祥
封面设计：大华文苑
责任技编：黄东生
出版发行：汕头大学出版社
　　　　　广东省汕头市大学路243号汕头大学校园内　邮政编码：515063
电　　话：0754-82904613
印　　刷：三河市燕春印务有限公司
开　　本：700mm×1000mm 1/16
印　　张：7
字　　数：50千字
版　　次：2015年3月第1版
印　　次：2020年1月第2次印刷
定　　价：29.80元
ISBN 978-7-5658-1724-3

前 言

  科学是人类进步的第一推动力，而科学知识的学习则是实现这一推动的必由之路。在新的时代，社会的进步、科技的发展、人们生活水平的不断提高，为我们青少年的科学素质培养提供了新的契机。抓住这个契机，大力推广科学知识，传播科学精神，提高青少年的科学水平，是我们全社会的重要课题。

  科学教育与学习，能够让广大青少年树立这样一个牢固的信念：科学总是在寻求、发现和了解世界的新现象，研究和掌握新规律，它是创造性的，它又是在不懈地追求真理，需要我们不断地努力探索。在未知的及已知的领域重新发现，才能创造崭新的天地，才能不断推进人类文明向前发展，才能从必然王国走向自由王国。

  但是，我们生存世界的奥秘，几乎是无穷无尽，从太空到地球，从宇宙到海洋，真是无奇不有，怪事迭起，奥妙无穷，神秘莫测，许许多多的难解之谜简直不可思议，使我们对自己的生命现象和生存环境捉摸不透。破解这些谜团，有助于我们人类社会向更高层次不断迈进。

其实，宇宙世界的丰富多彩与无限魅力就在于那许许多多的难解之谜，使我们不得不密切关注和发出疑问。我们总是不断去认识它、探索它。虽然今天科学技术的发展日新月异，达到了很高程度，但对于那些奥秘还是难以圆满解答。尽管经过许许多多科学先驱不断奋斗，一个个奥秘不断解开，并推进了科学技术大发展，但随之又发现了许多新的奥秘，又不得不向新的问题发起挑战。

宇宙世界是无限的，科学探索也是无限的，我们只有不断拓展更加广阔的生存空间，破解更多奥秘现象，才能使之造福于我们人类，人类社会才能不断获得发展。

为了普及科学知识，激励广大青少年认识和探索宇宙世界的无穷奥妙，根据最新研究成果，特别编辑了这套《学科学魅力大探索》，主要包括真相研究、破译密码、科学成果、科技历史、地理发现等内容，具有很强系统性、科学性、可读性和新奇性。

本套作品知识全面、内容精炼、图文并茂，形象生动，能够培养我们的科学兴趣和爱好，达到普及科学知识的目的，具有很强的可读性、启发性和知识性，是我们广大青少年读者了解科技、增长知识、开阔视野、提高素质、激发探索和启迪智慧的良好科普读物。

目 录

滇池

滇池小档案

地理位置：云南省昆明市西南部

面积：340平方千米

平均水深：5.5米

特点：奇河倒流

形成原因：地震断层陷落型的湖泊

滇池是云南省最大的淡水湖，素有高原明珠之称。它位于云南省昆明市的西南地区，古名滇南泽，又称昆明湖。滇池海拔1886米，南北长40千米，东西平均宽8千米。滇池为地震断层陷落型的湖泊，其外形似一弯新月，素称"五百里滇池"。

神奇的"倒流"湖泊

滇池周围群山环抱，河流纵横，沃野千里，良田万顷，文化繁荣，风光秀丽，多名山胜景，是自古以来吸引众多游人游览的"高原江南"。滇池是滇中高原断层陷落而成的湖泊，有盘龙江等20多条河流注入，属长江水系，水域面积2855平方千米，是我国物产富饶的第六大淡水湖。在20多亿年前到1200万年前，几经地壳运动的结果，使玉溪盆地下降，滇中高原地壳急剧升高，切

断了滇池水向南流入南盘江和红河的通道，使滇池水扭头向北，经螳螂川、普流河汊入金沙江。滇池这种与云南其他河流流向相反的状况，被人们称为"奇河倒流"。

汉代著名文学家许慎在《说文解字》中解释"滇"字时说："滇者，颠也。"指的就是滇池水系流向"颠倒"的现象。北魏郦道元也说："池，在县西北，周三百里许，上源深广，下流浅狭，但水倒流，故曰滇池。"现在，滇池已成为云南的象征，"滇"也成了云南省的简称。滇池气候干湿适度，温凉宜人，年平均气温为15℃，年降雨量为1070毫米，是一个四季如春的好地方。滇池的水源丰富，有盘龙江、海源河、金汁河、银汁河、宝象河、马料河、昆阳河等大小20多条河流从四周源源汇积，其中以纵贯南北、穿越昆明市区的盘龙江为最大。相传，宋代大理国时期，盘龙江堤岸边遍植白色的素、馨花，被称为"银搓河"。

滇池东有金马山，西有碧鸡山，北有蛇山，南有鹤山。这些山连绵起伏，形成了昆明坝子的天然屏障。湖滨土地肥沃，气候温和，水源充沛，有利于灌溉和航行。

滇池原居住着称为"滇"或"滇棘"的部落，战国时期有楚将庄跷率部进入滇池地区。庄桥及其部属"变服从其俗"，建立滇国。西汉武帝时设益州郡，郡治为滇池县（今晋宁）；元至元十三年（公元1276年）建立云南行省后，将池畔的鸭赤城改称昆明，成为云南省会的所在地。

滇池名称的由来可归纳为三种说法。一是从地理形态上看，晋人常璩《华阳国志·南中志》中说："滇池县，郡治，故滇国也；有泽，水周围二百里，所出深广，下流浅狭，如倒流，故曰滇池。"

另一种说法是寻音考义，认为"滇，颠也，言最高之顶。"也有的认为是彝族"die"（甸），即大坝子。

第三种说法，就是前面提到的楚将庄跷进滇后，变服随俗称滇王，因有了滇池部落，才有滇池名。

滇池的生态环境

滇池属于富含营养型的湖泊，部分呈异常营养征兆，水色暗黄绿，内湖有机污染严重、有机有害污染严重，被污染速度发展较快，外湖部分水体已受有机物污染，有毒有害污染（主要是指重金属污染）。氮、磷、重金属及砷大量沉积于湖底，致使底质污染严重，滇池近百年来已处于"老年型"湖泊状况，年均水温16℃。

20世纪80年代末的调查结果表明：随着滇池生态环境的恶化，导致鱼类产卵、孵化场地的生态环境破坏，并加之过度捕捞和鱼类种群间相互作用等因素影响，滇池鱼类种群已发生巨大变化，土著鱼种仅存4种，濒于灭绝，如肉嫩味美的金线鱼现已灭绝。

不过，滇池的浴场和秀美隽逸的大观楼公园等，都是十分惬意的游览之地，特别是在碧波荡漾的彼岸，巍峨雄壮的西山之巅，水浮云掩。那湖泊的秀丽与大海般玄境便呈现在你的眼前。滇池既有湖泊的秀丽，亦有大海的气魄。

延 伸 阅 读

滇池的出水口称"海口"，在滇池西岸。湖水由西向北折，称为螳螂川，北入金沙江。海口地区气候宜人，环境幽静，矿产丰富。它既有湖泊的妩媚韵致，又兼有大海的壮阔气势。朝霞夕晖、朗月疏星、薄雾轻霭、细雨晴光，滇池无时不变幻着多姿的瑰丽景象，给人以不同的美的享受。

西湖

西湖小档案

地理位置：浙江省杭州市西面

面积：5.593平方千米

平均水深：2.27米

特点：欲把西湖比西子，淡妆浓抹总相宜

形成原因：西湖北山的火山岩堵塞，海湾和钱塘江被分隔开，海湾于是变成一个内湖而形成了西湖。

西湖是仅次于天下第一湖——大明湖的著名城市湖泊，位于浙江省杭州市西面。

美若西施的湖水

西湖的底质是由含有机质特别高的湖沼沉积而成，属于粉砂质黏土及粉砂质亚黏土，最上层为藻骸腐泥层（黑色有机质黏土），中层为泥炭层及沼泽土层，最下层为基底粉石砂层。

西湖入湖河流多是短小的溪涧，主要补水河流为金沙涧、龙泓涧和长桥溪泄流。西湖湖面南北长3.3千米，东西宽2.8千米，水面原面积5.64平方千米，湖中岛屿面积6.3平方千米，湖岸周长15千米。平均深度1.21米，最大深度6.52米，最浅处不到1米，泥泞最深处有5米，所以在西湖水面游玩要穿救生衣物。如今伴随着"西湖西进"扩大了6.5平方千米，基本达到了300年前西湖的面积。苏堤和白堤将湖面分成里湖、外湖、岳湖、西里湖和小南湖五个部分。西湖与钱塘江沟通后，每天引入钱塘江水约30万立方米，西湖水由原来的一年一换变成每月一换，透明度由原来的不足60厘米提升到120厘米。

关于"西湖"的名称，最早开始于唐朝。在唐以前，西湖有武林水、明圣湖、金牛湖、龙川、钱源、钱塘湖、上湖等名称。到了宋朝，苏东坡守杭时，他咏诗赞美西湖说："水光潋滟晴方好，山色空蒙雨亦奇。欲把西湖比西子，淡妆浓抹总相宜。"诗人别出心裁地把西湖比作我国古代传说中的美人西施，于是，西湖又多了一个"西子湖"的雅号。

西湖的神奇来历

说起西湖的来历，有着许多优美的神话传说和民间故事。相

传在很久很久以前，天上的玉龙和金凤在银河边的仙岛上找到了一块白玉，他们一起琢磨了许多年，白玉就变成了一颗璀璨的明珠，这颗宝珠的珠光照到哪里，哪里的树木就常青，百花就常开。但是后来这颗宝珠被王母娘娘发现了，王母娘娘就派天兵天将把宝珠抢走了，玉龙和金凤赶去索珠，王母娘娘不肯还，于是就发生了争抢，王母娘娘的手一松，明珠就降落到人间，变成了波光粼粼的西湖，玉龙和金凤也随之下凡，变成了玉龙山（即玉皇山）和凤凰山，永远守护着西湖。

其实，西湖是一个泻湖。在古代，由于文化知识的局限，千百年来很少有人去认真探寻西湖形成的秘密。直到近代，随着科学技术的发展，才开始用科学的观点和方法来探讨西湖的形成。最早用地质学观点解释西湖成因的学者是日本地质学家石井八万次郎。1909年，他在东京《地质学杂志》中撰文称，西湖与日本的中禅寺湖相似，南山为古生代岩层的山坡，溪水北流，为西湖北山的火山岩堵塞而成。

1920年，我国著名科学家竺可桢考察西湖，首先提出西湖原是一澙湖，是钱塘江口一小湾，后来由于钱塘江夹带的砂土堵塞其湾口而成的假说。

西湖究竟怎样形成？经过地质工作者的多年勘测研究，"澙湖"说流传最广。这一假说认为，至少距今1.2万多年前，西湖还是一个浅海湾，除个别山岭外全部淹没在海水之中。随着海水的冲刷，海湾四周的岩石逐渐变成泥沙沉积，使海湾变浅，钱塘江带来的泥沙，在入海口沉积，泥沙越积越多，最终将海水截

断，内侧的海水就形成了一个湖。这种现象在地质学上称为"泻湖"。起初，泻湖还随着潮水出没，后来，经过劳动人民多次筑海塘阻拦海水，再加上海平面下降，西湖才正式形成。

西湖多数水域处于富营养状态，小南湖和三潭内湖已接近富营养下限，主要污染物是生活污染，氮、磷超过正常值4倍~6倍；年平均水温17.6℃，最高时10月为28.6℃，最低时3月为4.0℃，无湖冰。80年代初鱼类有51种，分属10目16科43属。鱼类来源有固有野杂鱼、钱塘江带入鱼类和人工引进驯化的养殖鱼种。养殖鱼类成为优势，西湖最主要的放养鱼种是鲢鱼和鳙鱼，占总放养量的75%~80%，其次是鲫、河内鲫，其他养殖鱼类还有团头鲂、细鳞鲴、圆吻鲴以及鳗鲡等。

延伸阅读

西湖形态为近于等轴的多边形，湖面被孤山及苏堤、白堤两条人工堤分割为五个子湖区，子湖区间由桥孔连通，各部分的湖水不能充分掺混，形成各湖区水质差异的特点。大部分径流补给先进入西侧三个子湖区，再进入外西湖。

根据著名科学家竺可桢先生的考证，西湖从形成到现在，也就是两千年的历史。然而在西湖两千多年的历史里，却诞生了三个著名人物：白居易、苏东坡和杨孟瑛。

青海湖

青海湖小档案

地理位置：中国青海省东北部，距省会西宁市80多千米

面积：4583平方千米

平均水深：32.8米

特点：自东朝西的"倒淌"河，流水只入不出的闭塞湖

形成原因：被山脉堵塞而成的一个巨大湖泊

你知道中国的鸟岛吗？你看见过千鸟齐飞、万鸟齐鸣的壮观景象吗？而有这奇美景观的地方就是青海湖，它被誉为"青藏高原的明珠"。

比蓝天还要蓝的湖

青海湖古称西海、鲜水、鲜禾羌海和错温波。湖水清澈碧蓝，湖面广袤如海，所以得到这个名字。对青海湖，各民族都有自己的称呼，但其含义都是一样的。蒙语译称库库诺尔，意为青色的海；藏语译称错鄂博，意即西海。青海湖是中国最大的咸水湖，也是中国最大的湖泊。它位于中国青海省东北部，距省会西宁市80多千米的青藏高原上。隋朝时候称为"青海"。唐代以后广泛使用"青海"之名。因为青海湖的湖水呈蓝色，它蓝似

海洋，可比海洋蓝得纯正；它蓝似天空，又比天空蓝得温柔、深沉、恬淡。对于湖水之蓝，有人曾写过这样的诗句：

远看青海在蓝天，近看人在海中间。

欲把蓝天比青海，青海更比蓝天蓝。

青海湖地处青海高原，这里地域辽阔，草原广袤，河流众多，水草丰美。湖的四周被四座高山所环拥：北面是崇高壮丽的大通山，东面是巍峨雄伟的日月山，南面是逶迤连绵的青海南山，西面是峥嵘巍峨的橡皮山。举目环顾，四座高山犹如四幅天然屏障。青海湖浩瀚的湖面，像一面碧绿的镜子，映着朵朵浮动的白云，肃穆地镶嵌在群山雪峰之中，天水一色，浑然一体。从山下到湖畔则是苍茫无际的千里草原，碧波连天的青海湖就像一个巨大的翡翠玉盘镶嵌在高山、草原之间，构成了浓墨重彩的西部风景画。

青海湖湖面东西长，南北窄，略呈椭圆形，好像一片肥硕的白杨树叶。湖水微咸带苦，比重低于海水，略高于淡水，每升水含盐量为12.5克，属咸水湖。湖水温度较低，冰冻期有4个多月之久。湖中耸立着一些小岛，如海心山、海西山、沙岛、鸟岛、三块石等，从而构成一个湖中有岛，水中鱼群游回，岛上万鸟栖息，湖滨青山连绵，山水相连，碧波接天的绚丽世界。

中国古代的羌族、吐谷浑族、藏族、汉族以及蒙古族等，都先后在这里生活过。他们既受青海湖的哺育，又开发着青海湖区。

青海湖是如何形成的呢

在号称"世界屋脊"的大高原上，如何形成这样一个大湖？关于青海湖的形成，流传着许多动人的故事。有说是因为水晶宫里的老龙王看见了自己小儿子的成就，心里十分欢喜，于是拿出宝盒向空中一扬，只见漫天五彩缤纷，金光闪闪，那金银珠宝如同下雨一般，纷纷落到水里、岛上和湖畔，从此，青海湖就成了一座美丽、富饶的宝湖。有的说，当年文成公主在进藏途中，行

至日月山口，回首唐宫，思乡之情油然而生，禁不住潸然泪下，泪水汇成了这蓝色的湖。

其实，青海湖的形成和变迁，是大自然的杰作。早在2亿3000万年以前，青藏高原还是一片浩瀚无边的古海洋。那时候，海水汹涌澎湃，它跟现在的太平洋、地中海是连在一起的。200万年前，剧烈的造山运动使得这片古海逐渐隆起，一跃形成了世界屋脊——青藏高原。海水有的被逼走，有的被四周的高山环绕起来，形成了大大小小的湖泊。青海湖就是被山脉堵塞而成的一个巨大湖泊，由于外泄通道堵塞，青海湖演变成了闭塞湖。加上气候变干，青海湖就彻底变成咸水湖。

大约100万年前，地质年代的第四纪，在青海湖东面的日月山，发生了强烈的变化，由地面开始隆起，拦截了青海湖出口，结果从青海湖向东流出的河流，被逼得向西流入青海湖，而成了一条自东朝西的"倒淌"河。一直到现在，青海湖还是一个流水只入不出的闭塞湖。

咸水湖的传说

关于青海湖为何是咸水湖，还流传着一个有趣的故事：

青海湖原来是一口日夜水流不息的泉。孙悟空大闹天宫时，把玉皇大帝给惹恼了，派了二郎神来捉拿。可是，二郎神不是孙悟空的对手，只斗了几个回合就往西北败逃，孙悟空紧追不舍。二郎神被迫得又饥又渴，他翻过了昆仑山，看到山下有口清泉，马上停下来，到泉边做饭。泉上面压着石板，他揭开石板舀了一瓢水，却忘了把石板盖上，泉水滚滚不停地往外溢，不一会儿就汇成了一片波涛汹涌的大海。二郎神发觉后，急忙顺手抓来五块石头压住了泉水，这五块石头后来就变成了现今湖中的海心山、海西山、沙岛、鸟岛、三块石等五座小岛。孙悟空看到二郎神翻过了昆仑山，也马上一个筋斗赶到了泉边。二郎神一见，慌了手脚，连做好的饭也顾不得吃，拔腿就跑，不小心一脚踢翻了锅，锅里有盐，一锅水全倒海里去了，从此青海湖的水就咸了。这还不说，由于二郎神的盐口袋被扯了个口子，边逃边撒，一路漏盐，这样，青海湖畔有了大大小小数不清的盐湖和盐泽……

青海湖的美是原始的、未经雕琢的自然之美。它具有高原湖泊那种空阔、粗犷、质朴、沉静的特征。在不同的季节，青海湖泊的景色迥然不同。夏秋之际，湖畔山青草绿，水秀云高，景色十分绮丽。五彩缤纷的野花把芳草茵茵的草原点缀得如锦如缎，膘肥体壮的牛羊和马似珍珠撒满草原。寒冷的冬季，牧草一片枯黄，青海湖开始结冰，浩渺的湖面冰封玉砌，一泓澄碧的琼浆凝固成一面巨大的宝镜，在阳光下熠熠闪光。

青海湖不仅具有高原湖泊那种辽阔、明媚、雄伟、恬静的特征，而且还蕴藏着巨大的生物资源。

延 伸 阅 读

由于青海湖位于西北气候干燥地区，湖水蒸发量大于湖水注入量，因此，湖水不断下降，湖面逐渐缩小。距今10000年前，青海湖水比现在要深80多米，面积要比现在大1/3。历史上曾有过青海湖"魏周千里，唐八百余里"的记载，这说明青海湖也一直处于萎退浓缩的趋势。

镜泊湖

镜泊湖小档案

地理位置：牡丹江上游，东北平原东部山地张广才岭深处

面积：91.5平方千米

平均水深：1637米

特点：中国最大、世界第二大熔岩堰塞湖

形成原因：第四纪火山活动，大量的玄武岩熔流喷溢，把牡丹江拦腰截断而形成的熔岩堰塞湖

镜泊湖的形状就像一只蝴蝶，其西北、东南两翼逐渐翘起，湖中大小岛屿星罗棋布。风光秀丽的镜泊湖宛如一颗璀璨夺目的明珠镶嵌在我国的北疆。

镜泊湖名称的来历

"镜泊"意为"清平如镜"。镜泊湖原始天然，风韵奇秀，山重水复，曲径通幽，可谓春华含笑，夏水有情，秋叶似火，冬雪恬静，万种风情，四季分明让人久久难忘，无限眷恋。

镜泊湖是约10000年前形成的，它是我国最大的典型熔岩堰塞湖，是国家级重点风景名胜区，著名旅游、避暑和疗养胜地。位于黑龙江省东南部，距牡丹江市区110千米的群山中（宁安市

城西南）。湖区周围有火山群、熔岩台地等。湖面南北长45千米，东西最宽处仅6千米，面积95平方千米。南部湖深仅几米，北部一般可达40米~50米，鹿圈脖附近最深达62米。湖面平均海拔350米。镜泊湖为新生代第三纪中期所形成的断陷谷地。第四纪晚期（大约10000年前），湖盆北部发生断裂，断块陷落部分奠定了今日湖盆基础。同时在今镜泊湖电站大坝附近和沿石头甸子河断裂谷又有玄武岩溢出，熔岩流与来自西北部火山群喷

发物和熔岩汇集，在"吊水楼"附近形成一道玄武岩堤坝，堵塞了牡丹江及其支流，从而形成镜泊湖。这样形成的湖泊，被称为堰塞湖。湖区有由离堆山及山岬形成的一些小岛。湖北端湖水从熔岩堤坝上下跌，形成25米高、40米宽的吊水楼瀑布；瀑布下的深潭达数十米，与镜泊湖合为镜泊湖风景区。

镜泊湖历经了五次火山爆发，加上第四纪全新世这里发生的多次火山群爆发，大量的玄武岩浆堵塞了牡丹江上游的水道，最终形成了堰塞湖。后来又由于地壳变迁而形成了牡丹江断裂带，

所以镜泊湖又被称为高山断裂带。这是世界上少有的高山湖泊，更以天然无雕饰的独特风姿和峻奇神秘的景观而闻名于世。

镜泊湖——水平如镜

镜泊湖在唐代渤海国时期，名字叫"湄沱湖"，汉书地理志称湄沱河。史书记载，"湄沱湖之鲫"是渤海国的名鱼，今日镜泊湖的"湖鲫"仍以味美著称。唐高宗永徽二年（公元651年）称阿卜河，又名叫阿卜隆湖，后称呼尔海金。唐玄宗开元元年（公元713年），呼汗海。自明代起，开始有了"镜泊"的名称，清代满语名称为"毕尔腾"，意为"平如镜面"。不过现在仍然称作镜泊湖。镜泊湖全湖分为北湖、中湖、南湖和上湖四个湖区。由西南至东北走向，蜿蜒曲折，呈S型，湖岸多港湾，湖中大小岛屿星罗棋布，而最著名的"湖中八大景"却犹如八颗光彩照人的明珠镶嵌在这条飘在万绿丛中的缎带上。这最著名的八大景有吊水楼瀑布、大孤山、小孤山、白石砬子、城墙砬子、珍珠

门、道士山和老鸹砬子。镜泊湖景色原始天然，风韵奇秀，山重水复，曲径通幽。许多动人的传说，更为这北方的名湖，增添了神奇的色彩。

因为镜泊湖的熔岩凝固成的岩岸有裂缝、缺口，湖水就从缺口处流下，形成了蔚为壮观的瀑布。吊水楼瀑布落差高达20米，水帘横空，飞珠碎玉，景色十分宜人。

延 伸 阅 读

镜泊湖景区为温带大陆性季风气候，其最大特点是，春夏秋冬四季分明，景色各异，春花、夏水、秋叶、冬雪异彩纷呈。春季不同的绿期、不同的花色给镜泊湖披上片片嫩绿，飘来阵阵芳香。夏季茂密的森林包裹着湖泊，湖水清明如镜，群山浓绿欲滴，凉爽湿润。秋季湖水碧蓝，群山色彩斑斓，姹紫嫣红别具风韵。冬季银装素裹，雾凇婆娑，山湖一色。

鄱阳湖

鄱阳湖小档案

地理位置：长江中下游的南岸，江西省的北部

面积：3150平方千米（枯水期500平方千米）

平均水深：16米

特点：洪水一片，枯水一线

形成原因：地壳下沉作用，逐渐由彭蠡泽演变而成

在我国四大名山之一的庐山脚下，有一片浩浩荡荡、一望无际的水泊。这就是中国第一大淡水湖，世界上最大的白鹤珍禽栖息地——鄱阳湖。

洪水一片，枯水一线

鄱阳湖位于长江中下游的南岸，江西省的北部，古名彭蠡，亦称鼓泽或彭湖。早在战国时期的地理专著《禹贡》一书中，就有"彭蠡既潴"的记述。隋炀帝时，因湖中有座鄱阳山，从此改名叫鄱阳湖。鄱阳湖的水面因季节变化而变化，因为在记录上具有很大的伸缩性，历来有"洪水一片，枯水一线"之说。在枯水期，湖的面积500平方千米；平水期湖的面积约为3960平方千米；最大洪水时，达5000多平方千米。

　　鄱阳湖承纳了赣江、抚河、信江、修水、饶河等五大河和若干支流，入湖诸水，北注长江，汇入大海。一条条晶莹绵长的河流与星罗棋布的湖泊塘堰，构成了独具风姿的形态。

　　鄱阳湖形似葫芦，北面有一条瓶颈般的狭窄水道与长江相通。按其独特位置，以都昌和吴城之间的松门山为界，分南北两湖。北湖地跨星子、德安、都昌、九江、湖口等五县境，地处湖体之西北，亦称"西鄱阳湖"。湖面狭窄，似葫芦上部的长"颈"，实际上是一条狭长的通江港道。南湖在新建、南昌、进贤、余干、万年、波阳、都昌、永修诸县，地处湖体之东南。湖面宽阔，形像葫芦的下半部，水天相接，是鄱阳湖的主要水域。

彭蠡泽的残迹

那么，鄱阳湖是如何形成的？根据湖区的近貌及过去演化留下的痕迹，考察人员推测，现在的鄱阳湖是彭蠡泽的残迹。

大约在距今200万年到300万年前的时候，继喜马拉雅运动以后，地球又发生了一次剧烈的新构造运动，导致中国东部地区普遍发生地壳下沉作用，当时江西北部的九江一带地壳也在陷落，形成了一个巨大凹地，凹地逐渐蓄水，便形成了范围与今日鄱阳湖平原几乎相当的大海——彭蠡泽。

后来由于气候变化，在大冰期时，彭蠡泽面积一度缩小，并形成通江港道，彭蠡泽的水便改道由湖口汇入长江。到6000年~7000年前时，全球进入冰后温暖时期，海面范围扩大，因为长江受到了海水抬升和顶托作用，江水受阻，造成沿江平原上的洼

地积水成湖。而赣江、抚河、信江、修水、饶河的来水受阻只能停积在鄱阳湖盆里，在原彭蠡泽的基础上，逐渐演变成了今天的鄱阳湖。

在鄱阳湖的周围有一片沃野千里的湖滨平原——鄱阳湖平原。这个平原又叫赣北平原，是长江中下游平原的一部分，由江西五河及长江冲积作用而成。它北起九江、都昌，南达新干、临川，西到新余、上高，东抵贵溪，广袤而辽阔，面积约3.9万平方千米。

在平原上有无数的小湖泊星罗棋布，港汊纵横交错，河湖息息相通，沟渠密如蛛网。河湖港汊之间，尽是田园、鱼塘和莲池，是名副其实的"水乡泽国""鱼米之乡"。平原内侧，是一片低平的广阔湖滩。每当枯水期，鲜嫩的湖草铺盖着滩地，景色优美。美丽的鄱阳湖，一年四季景色变幻殊异，民间有歌谣这样赞美道："春季千顷油菜分外黄，夏季万亩荷花吐幽香，秋季处处稻谷闪金光，冬季轻舟湖面捕鱼忙"。

物产丰饶的"明珠"

鄱阳湖水波浩瀚，港汊众多，水温适宜，是鱼类生活的广阔天地。辽阔的湖滩，丰富的水草，繁多的浮游生物，肥沃的水质更为鱼类生存提供了充足的天然饲料。湖内有鱼类90多种，其中经济价值较高，产量较大的就有20多种，尤以体纤透明，味道鲜美的银鱼和肉质肥嫩、鳞下多脂肪的鲥鱼最为驰名，为鄱阳湖名产。此外，莲、藕、菱、芡以及湖贝珍珠也是著名特产。

晴天的时候，鄱阳湖碧水共天，风帆浮隐。它是赣域四通八

达的天然水运枢纽。鄱阳湖水域宽广，一望无际，虽然是湖，却有着大海般的壮阔与雄美。

每当渔汛季节，湖上千帆竞发破巨浪，成网收拢鱼满舱。沿湖的市场，则处处呈现一派繁忙的丰收景象。众多的湖港湖汊，不仅是鱼类产卵的良好场所，而且还是天鹅、黑鹳、白鹤、白枕鹤和野鸭的栖息之所。

每年洪水退后，鄱阳湖便袒露出无数浅滩湖洲，这些浅滩湖洲上都是淤泥，远处看就像是一块"漂田"，当地人只管栽下秧苗，根本不用管理，只等秋后痛快收获。所以，宋代王安石曾写下诗句："中户尚有千金藏，漂田种粳出穰穰。沈檀珠犀杂万商，大舟如山起牙墙。"

由此可见鄱阳湖不仅风光秀丽，而且物产富饶。

延伸阅读

在鄱阳湖北面有一条"瓶颈"般的港道，是鄱阳湖唯一的外泄通道。这条通道是沿着湖口——星子大断裂的脆弱带发育而成的，水面狭窄紧缩，长约50千米，宽3.5千米-6.5千米。通道两侧多砂岩、页岩和灰岩组成的山丘，高出湖面，一般在100米以下。而坐落在通道西侧的庐山，绝壁千仞，高高在上。在通道出口处的湖口有一座石钟山，因位置险要，素有"江湖锁钥"之称。

死海

死海小档案

地理位置：巴勒斯坦、约旦和以色列之间，地处南北走向的大裂谷中段

面积：1045平方千米

平均水深：146米

特点：天然的大盐库

形成原因：原本属于地中海的一部分，后来因地壳变化而与地中海隔开后形成

名声颇大的"死海"虽以"海"称之，但实际只是世界上著名的内陆咸水湖。死海西岸为犹地亚山地，东岸为外约旦高原，有约旦河自北而南注入。

天然大盐库

死海原本是地中海的一部分，后来因地壳变化而与地中海分开，由于东西两岸被悬崖绝壁包围，始终没有与大海相通，因而形成了一个内陆湖泊。

死海海水看起来很美，水平如镜，沉寂无声，没有一丝波纹，似乎连风也吹不起浪花来。死海两边的山岩清清楚楚地倒映在水中，给海水投上了一抹嫩红。

其实，死海的水是碧绿清莹、黏稠如油的，深水处绿色浓些，浅水处绿色淡些，浓淡相间，煞是好看。由于这一地区气候酷热（年平均气温为25℃），水蒸发量极大（夏天每小时平均蒸发约2.54厘米的水），所以死海水面上总弥漫着一层柔柔的水雾，如同阿拉伯少女蒙在脸上的轻纱。湖水蒸发了，而湖水所带来的盐分却留在死海中，经过数万年，越积越多，使死海成了一个天然的大盐库。

死海的世界之最

死海的水是世界上含盐最高的水体。在《圣经·旧约》和希伯来语中，死海都被称作"盐海"，其水体的含盐量高达25%~30%。而地中海的海水含盐量只有3.5%。

在盐分如此高的水域中，除个别的微生物外，没有任何动植

物可以生存，所以这是它被称作死海的另一个重要原因。但滚滚洪水流来的时候，约旦河及其他溪流中的鱼虾被冲入死海，由于含盐量太高，水中又严重缺少氧气，这些鱼虾最终逃脱不了死亡的命运。因此，死海经常散发出死鱼的腥气。水鸟当然也无法在这里栖息生存。

死海岸边的岩石均披着一层盐壳，白中泛青，就像一块玉石，只有极少的喜盐植物断断续续、零零星星地散长在岸边，为这片荒芜的土地增添了一点点生机。

死海的水矿物质成分十分丰富，尤其是溴、镁、钾、碘等含量极高。死海的矿物质含量多达33%，连含有20%矿物质而号称世界第二的犹他大盐湖也自愧不如。自古以来，死海水的医疗保健功效便为人所知。古希腊哲学家亚里士多德也曾在他的著作中述及过死海的功用。

据说，公元前51年至公元前30年，埃及女王克娄巴特拉就曾用死海水疗伤。

死海上的空气是地球上最干燥、最纯净的，氧气浓度也是世界上最高的，比海面上的含氧量高10%，加上死海里有许多用于镇静剂的溴，人们一到这里便感到全身放松，容光焕发。

此外，死海地区的紫外线长波的浓度比世界上其他地区都要高，而紫外线长波是治疗牛皮癣的良药。

死海独特的自然景观和医疗功效，吸引了世界各地的游客纷至沓来。有的试图用死海的水治疗牛皮癣、湿疹、关节炎等

疾病；有的用死海水中的黑泥涂抹全身，以健身美容；有的躺在岸边接受日光浴；而更多的则在死海中畅游一番，体验被水"托"起来的感觉。因为在这里，水性再好的游泳健将也无法潜到水下，只能悠然自得地躺在水面，仰望蓝天白云，观赏露出水面的盐柱，盐山。

延 伸 阅 读

　　"死海"这个名称来自希腊的著作《旧约》。书上说有个所多玛城"罪恶甚重"，耶和华就"将硫磺与火从天上降予所多玛"，把它整个毁灭了。这里的所多玛城传说在死海西南隅。据推测，这实际是公元前1900年左右所发生的一次大地震，致使所多玛城沉入死海，现在的塞多玛山，就由所多玛一名沿袭而来。

里海

里海小档案

地理位置：西靠高加索山脉，东依哈萨克斯坦和土库曼斯坦，西邻阿塞拜疆和俄罗斯，南临伊朗

面积：37.1万平方千米

平均水深：209米

特点：世界上最大及蓄水量最多的湖泊

形成原因：原本属于地中海的一部分，后来因地壳变化而与地中海隔开后形成

被分割出来的海

里海位于欧亚交界处，是世界最大的咸水湖。它原本和黑海及地中海一同为古地中海的一部分，但地壳运动使高加索山和厄尔布鲁士峰隆起，里海被分割而独立成为内陆湖泊。既然被分割成了

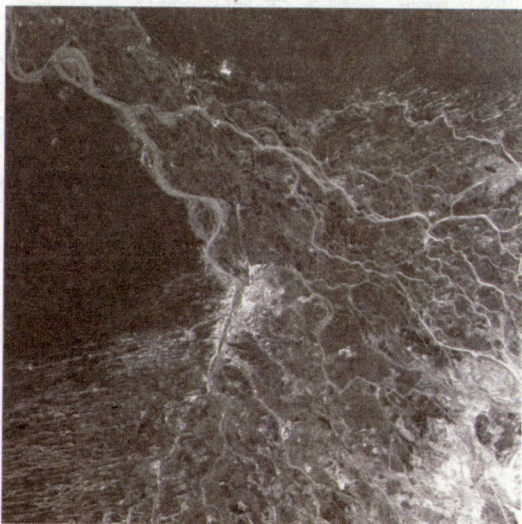

一个地地道道的内陆湖，那为什么还是被称为"海"呢？

从里海的自然特点来看，里海水域辽阔，一望无垠，经常出现狂风恶浪，犹如大海翻滚的波涛。同时，里海的水是咸的，有许多水生动植物也和海洋生物差不多。

另外，从里海的形成原因来看，里海与咸海、地中海、黑海、亚速海等，都是古地中海的一部分，经过海陆演变，古地中海逐渐缩小，上述各海也多次改变它们的轮廓、面积和深度。由于里海是古地中海残存的一部分，被地理学家称之为"海迹湖"。因此，人们就把这个世界上最大的咸水湖称为"里海"了。其实，它并不是真正的海。

里海的湖面面积为36.8万平方千米。西、北、东三岸分属阿塞拜疆、俄罗斯、哈萨克斯坦、土库曼斯坦，南岸属伊朗。里海周围有伏尔加河、乌拉尔河、库拉河、捷列克河等130多条河流注入。

里海矿藏丰富，石油、食盐、基硝等资源丰富。其航运十分发达，以石油运输为主，主要港口有阿塞拜疆的巴库，俄罗斯的阿斯特拉罕、马哈奇卡拉，土库曼斯坦的克拉斯诺沃茨克和伊朗的恩泽利。

里海的南面和西南面被厄尔布尔士山脉和高加索山脉所环抱，其他各面是低平的平原和低地。里海南北狭长，形状就像一个"S"型。

里海的平均咸度为1.2%，为地球海洋的1/3。当中在水浅的北部，由于伏尔加河注入，咸度较为接近淡水；南部水深地区咸度则增加。里海海底蕴藏丰富的石油，并有大量鲟鱼，所以里海又以盛产鲟鱼而著称于世界。由于过度捕捞已经直接威胁到了鲟鱼数量。

里海海水上升之谜

因为地处欧亚大陆的干燥地带，所以里海地区的气候干燥，湖水不断被蒸发，海面不断下降，面积不断缩小。

据历史记载，1929年，里海的面积为42.2万平方千米；1970年缩小到37.1万平方千米，水位低于大洋平面28.5米。其实这应该是正常的现象。但令人惊奇的是，里海的水

位并不稳定，它好像有周期性涨落的奇妙现象。自1830年以后的大约一个世纪内，里海的水位呈上升趋势；但到了1930年以来，里海的水位又开始下降。前苏联为了使里海水位不再下降，曾于70年代末计划将西伯利亚的河水引入里海。

但由于该计划受到一些学者的反对，他们认为这样做会扰乱西伯利亚和中亚地区的生态系统，所以并没有实施。但过了20多年之后的今天，里海水位不仅没有下降，反而莫名其妙地又上升了，人们又面临如何处理因水位上升造成的灾难。

延 伸 阅 读

　　1991年以前，里海是平静的，那里没有争议，更没有冲突。因为那时无论按传统还是地理位置，里海都被认为是前苏联和伊朗的内湖。自1991年前苏联解体后，在里海地区不断发现大规模的油气田。根据估计，这一地区有可能成为世界能源的主要供应地之一。如此一来，一些和里海有点沾边的国家就开始要求瓜分里海。近年来，伊朗迫于压力不得不面对对里海进行划分的局面。

贝加尔湖

贝加尔湖小档案

地理位置：干燥寒冷的亚欧大陆中部

面积：31500平方千米

最深水深：1940米

特点：亚欧大陆上最大的淡水湖，也是世界上最深和蓄水量最大的湖

形成原因：可能由于地壳胀裂蓄水形成

俄罗斯作家契诃夫写道："贝加尔湖异常美丽。难怪西伯利

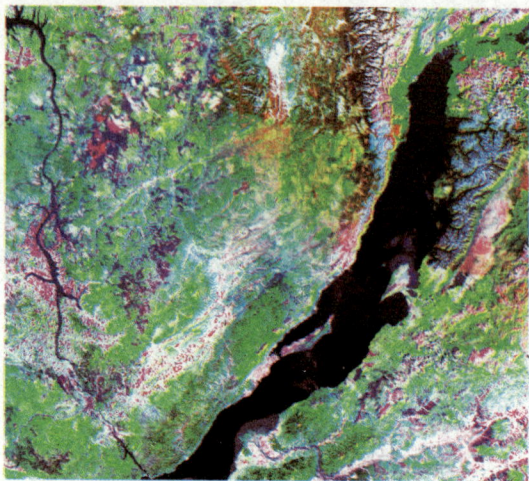

亚人不称它为湖，而称之为海。湖水清澈透明，透过水面像透过空气一样，一切都历历在目。温柔碧绿的水色令人赏心悦目。岸上群山连绵，森林覆盖。"这是契诃夫为贝加尔湖唱出的赞歌。

西伯利亚的一颗"珍珠"

贝加尔湖在我国古书上被称为"北海"，是我国古代北方少数民族的主要活动地区，汉代苏武牧羊的故事就发生在这里。而"贝加尔"一词源于布里亚特语，意为"天然之海"。

贝加尔湖处在干燥寒冷的亚欧大陆中部，是亚欧大陆上最大的淡水湖，也是世界上最深和蓄水量最大的湖。湖水澄澈清冽为世界第二。总蓄水量为23600立方千米，相当于北美洲五大湖蓄量的总和，约占全球淡水湖总蓄水量的1/5。

贝加尔湖的很多地方蓄水量超过了1000米。20世纪50年代末期，前苏联科学院贝加尔湖站的科学家又测到了1940米的深度，这个深度刷新了人们已经知道的1741米的纪录。这个水量，相当于全世界大小河流200多天的流量。假设贝加尔湖是世界上唯一的水源，那么它的水量也够50亿人用半个世纪。巨大的水力资源，使贝加尔湖在近代获得了"高压海"的称号。

贝加尔湖狭长且弯曲，它就像一轮明月镶嵌在西伯利亚南缘。湖水由色棱格河等大大小小336条河流汇入，因此水源极为丰富。湖水经由安加拉河流出，河水十分湍急，一路向北奔向叶尼塞河，最终汇入北冰洋。

永远寒冷的贝加尔湖

贝加尔湖虽然处在干燥寒冷的亚欧大陆中部，但因受巨大水体的调节和地热异常的影响，湖区气候与同纬度周围地区相比有所不同。

这里光照很充足，湖区北端的平均年日照时间为2000小时，而同纬度立陶宛地区仅为1830小时，加之贝加尔湖水体吸收太阳辐射的能力大，达到60卡/平方厘米，所以，湖区昼夜温差小，年内季节温差也小，冬暖夏凉。最热月、最冷月、结冰期、化冰期都比周围地区推迟一个月。冬季，在平均气温低于−30℃的严寒的西伯利亚，贝加尔湖则成为一个相对的温点，湖区北部、中

部、南部最冷月的平均气温分别为-3.1℃、-1.6℃、-0.7℃。也就是说，夏天贝加尔湖减弱了沿岸地区的炎热程度，使它变得温和凉爽；冬天，贝加尔湖所蕴藏的热量也减弱了西伯利亚严酷的冰冻，使沿岸变得相对的温暖。然而，贝加尔湖本身，却永远是很冷的，甚至在最暖和的季节里，湖面的温度也总在7℃—19℃之间。

神秘的贝加尔湖

经过科学家们考证，贝加尔湖的存在至少已有2500万年的历史，可以说是世界上最古老的湖泊。湖区下面一直存在着巨大的地热异常带，频繁的火山喷发和地震不断改变着局部地区的地貌。而贝加尔湖最深的普罗瓦尔湖就是在1862年1月，湖区东岸发生的里氏10级地震后形成的产物。因为是世界上最古老的湖泊，所以拥有着世界上最大的"生物博物馆"美称。

　　贝加尔湖中有植物600种，水生动物1200种，在水面或接近水面有约600种植物，其中四分之三为贝加尔湖特有的，从而形成了其独一无二的生物种群，如全身透明的凹目白鲑和银灰色的著名珍稀动物贝加尔海豹等，还有各种软体动物、海绵生物以及海豹等珍稀动物。

　　贝加尔湖中还生活着一种"怪物"——贝加尔海豹，即北欧海豹。这种海豹皮质优良，色泽美丽。它是怎样来到湖中定居的，迄今仍是个谜。传说贝加尔湖与北冰洋之间曾有一条地下河，海豹就是沿着这条河游过来的。

　　但是，现在地质学家有充足的理由证明，过去和现在，这里从未有过秘密的地下通道。贝加尔湖还有许多的未解之谜。例如，湖水一点不咸，也就是说它与海洋不相通，但却生活着地地

道道的海洋生物——海豹、海螺、海鱼和龙虾。又如贝加尔湖里长有热带的生物，像贝加尔湖藓虫类动物，其近亲生活在印度的湖泊里。

贝加尔湖——这个世界上最有趣的神秘之湖，一直被地质学家、地理学家、生物学家、物理学家和考古学家们研究着、探索着。为了更好地探求这个湖的奥妙，科学家们已经用10多种文字，在20多个国家出版了2500多部有关著作。相信随着科学技术的发展，科学家们会揭开她神秘的面纱。

延伸阅读

贝加尔湖的湖中有27个岛屿，最大的是奥利洪岛，面积约730平方千米。湖水结冰期长达5个多月，湖滨夏季气温比周围地区约低6℃，冬季约高11℃，具有海洋性气候特征。

贝加尔湖湖底为沉积岩，第四纪初的造山运动形成了该湖周围的山脉，湖区地貌基本形成的时间迄今约2500万年。贝加尔湖下面存在着巨大的地热异常带，火山喷发与地震频频发生。据统计，湖区每年大约会发生大小地震2000次。

基伍湖

基伍湖小档案

地理位置：为东非大裂谷带西支，位于卢旺达和刚果（金）两国交界处

面积：2700平方千米

平均水深：220米

特点：湖底蕴藏着大量的沼气，可燃烧的湖水

形成原因：断层陷落而成

基伍湖是中部非洲最高的湖泊，也是非洲的大湖之一。它位于刚果民主共和国与卢旺达的边界上，处于东非大裂谷中，艾伯丁裂谷的西部。

火山活动区的湖

基伍湖由断层陷落而成。湖岸多岩岸，较崎岖，北岸有高达3470米的尼腊贡戈火山。湖岸线北部较平直，南部多湖湾。湖中有许多岛屿，最大岛屿为伊吉维岛。

基伍湖的表面积约为2700平方千米，海拔高度约1460米。最大长度90千米，最大宽度48千米。平均深度为220米，最深达475米。北以火山溢出物与爱德华湖所隔，湖水从湖南通过鲁济济河

流入坦噶尼喀湖。由于湖面上繁殖着大量的浮游生物，这就为湖中的鱼类提供了充分的食料，所以这里鱼类和水鸟较多。

基伍湖的湖水还有一个明显的特点，即自然地从下而上分成明显而稳定不变的层次，而且越是往下，湖水的含矿化程度越高，密度也就越大，从250米处的深度继续往下，湖水便完全处于一种静止状态。

不可预测的"杀人"潜力

由于基伍湖的湖床坐落在东非大裂谷上，地质活动使湖两边的板块拉开，造成这个地区的火山活动。除了有火山活动以外，基伍湖还"盛产"另一种致命气体——更具有爆炸性的甲烷。

从20世纪80年代起，当地一家啤酒厂一直在从湖中抽取甲烷以酿酒，而当地人也急于从更大规模上开发基伍湖中的甲烷。直到最近，卢旺达人民才都认为这样的开发是一件大好事，因为他们能借此得到廉价的电力。

但科学家们却担心，基伍湖一旦爆发，不仅将释放致命的二氧化碳，而且可能引起甲烷爆炸。虽然基伍湖底目前的二氧化碳浓度比尼欧斯湖底低，也就是说看来基伍湖是安全的，但有证据表明，基伍湖过去曾爆发过多次。

没有人知道是什么因素引发了基伍湖历史上的大爆发，但2002年1月的火山爆发却提示了基伍湖爆发的一个诱因。这次火山爆发所产生的熔浆，几乎淹没了非洲的一半城市。

美国科学家通过研究来自卢旺达的照片注意到，带有巨大能量的熔浆已流向基伍湖，流了三天后才止步，好在尚未到达湖底。看上去危险已经过去，其实则不然。火山爆发只是一个警报，表明整个地区已开始失去稳定。

沉寂的危险物暗层

大约30年前，美国华特卢大学的劳伯·海基教授曾前往基伍湖提取湖底的沉积物样本，由此他可以看出基伍湖在过去成千上万年里的历史状况。当海基把样本带回实验室分析后，发现其中有至少5个相同的神秘暗色层，而以前他从未见过这样的暗色层。对其中一个形成于5000年前的暗色层进行的进一步观察表明，当时湖中的所有动物皆消失无踪，而大量陆地植被却被冲入湖中。

他通过更深入的观察发现，同样的过程几乎每1000年便重复一次。海基当时对此感到迷惑不解，直到尼欧斯惨剧发生，他才豁然开朗：尼欧斯湖惨剧的特征——所有鱼类被杀、大浪将岸上植物卷入湖中——不也正是基伍湖沉积物暗层的共同特征吗？

由此看来，尼欧斯湖惨剧已在基伍湖历史上演出了许多次。通过科学家对尼欧斯湖的分析与研究，人们对基伍湖的潜在危险更加了解了。

延 伸 阅 读

科学家在基伍湖还发现大约有550亿立方米的甲烷及其他气体溶解于深300米的湖水中。卢旺达政府与一个国际协会签了一份8000万美元的合约，以抽取这些甲烷。抽取的方法是将富含气体的水抽出并喷向高空，一旦水压减低，气体的溶解度降低，溶解在水中的气体（主要为二氧化碳、甲烷及硫化氢）随即冒泡溢出。

维多利亚湖

维多利亚湖小档案

地理位置：东非大裂谷区，由非洲三国肯尼亚、坦桑尼亚和乌干达所拥有

面积：68870平方千米

平均水深：40米

特点：非洲最大的淡水湖和世界第二大淡水湖

形成原因：地壳运动使地面渐渐下沉形成浅积水盆地

维多利亚湖的湖盆位于东非大裂谷东西两大背斜隆起断裂带

之间的向斜带内。维多利亚湖处于赤道多雨区，雨量的季节分配均匀，所以湖水水位变化极小。湖面广、湖水深，对湖盆内的气候有显著影响。湖面蒸发旺盛，所以湖区多雷雨；在盛行的偏东风吹送下，湖西地区成为非洲多雨区之一。湖水自北岸流出，流量稳定，是白尼罗河的主要水源。

非洲最大湖泊

维多利亚湖是非洲最大的淡水湖和世界第二大淡水湖，面积68870平方千米。如果依含水量来比较，维多利亚湖共有2760立方千米的淡水量，排名世界第七。

维多利亚湖位于东非高原，大部分在坦桑尼亚和乌干达两国

境内，一小部分属于肯尼亚。1860年～1863年英国探险家约翰·汉宁·斯皮克和格兰特到此处探查尼罗河的源头时，以英国女王维多利亚的名字命名该湖泊。湖泊介于东非大裂谷及其西支之间，居裂谷间浅宽盆地的北部，湖盆是由于地面凹陷而形成的，所以维多利亚湖的成因与东非高原上的其他大湖是完全不同的。维多利亚湖是非洲最大湖泊，在世界淡水湖中，仅次于北美洲的苏必利尔湖而居世界第二。

维多利亚湖中多岛屿群和暗礁，岛屿面积近6000平方千米，其中以乌凯雷韦岛最大，高出湖面200米，岛上人口稠密，长满树木。西南岸有90米高的悬崖，北岸平坦而光秃。湖岸线曲折，岸线逾7000千米，多优良港湾。集水面积约20万平方千米。常年有卡盖拉河、马拉河等众多河流注入其中，湖水唯一出口是北岸的尼罗河，在那里形成里本瀑布，排水量每秒达600立方米，著名的尼罗河支流白尼罗河就发源于此。巨大的水体对沿湖地区的气候起显著调节作用，湖区多雷雨，并在大气下层盛行的偏东气流的推动下影响湖西岸，使之成为东非著名多雨区。值得庆幸的是坦桑尼亚、乌干达和肯尼亚这三个国家的工业仍处于起步阶段，湖水没有受到工业污染。这里差不多每天都是头上蓝天白云，湖里碧波荡漾，沿岸地区草木繁茂，百花盛开，空气清新。对于这些数以百万计的人民来说，湖在生活中起着巨大的作用。不过，现在维多利亚湖的生态系统并不是特别好。

1950年代起，尼罗河鲈鱼被引入湖中，当地本来是想增加湖区渔业的产出。但是这种鲈鱼给当地的生态系统造成了灾难性的影响——数百种当地特产物种自此灭绝。更糟的是，本来不错的鲈鱼产量后来也急剧下降。不过正因为后来这些尼罗河鲈鱼被过渡捕捞，一些特产物种才开始回升。另一个影响到本地生态的问题是原产于美洲热带的水葫芦。这些水生植物聚集而生，影响了交通、捕

鱼、水力发电和生活饮水。1995年，90%的乌干达沿岸都被这种植物阻塞。由于机械和化学办法似乎都不起作用，人们只好培育一种以水葫芦为食的象鼻虫并放到湖内，最终取得了良好的效果。

卡盖拉河是注入该湖最大且最重要的河流，在南纬1°的北面注入湖的西侧。另一条从西侧注入维多利亚湖的著名河流是卡盖拉河北边的卡唐加河。该湖唯一的出口是维多利亚尼罗河，从北岸流出。由于在乌干达金贾的维多利亚尼罗河上兴建欧文瀑布水坝，使维多利亚湖水位逐渐提高的计划于1954年完成。这座水坝提供大量电力，并使该湖成为大水库。

维多利亚湖是尼罗河源头

在19世纪中叶以前，尼罗河的源头一直是一个谜。从公元前6世纪希腊科学家泰勒斯起，人们先后提出过地下水、海洋流、季

风雨、高山融雪等多种解释，但是这些解释多属猜想，并没有实地考察依据为证。

1857年，受英国皇家地理学会委托，英国人理查德·伯顿和约翰·汉宁·斯皮克前往非洲寻找尼罗河的源头。两人从现在的坦桑尼亚海外的桑给巴尔出发向西航行，几经辗转后于1858年2月来到坦噶尼喀湖——东非大裂谷中众多的湖泊之一，成为最早发现坦噶尼喀湖的欧洲人。伯顿认为这里就是尼罗河的源头，但斯皮克之后又发现了一个比坦噶尼喀湖更大的湖泊——维多利亚湖，他认为这才是真正的尼罗河的源头。两人各持己见，争论不休，直到1864年斯皮克外出打鹧鸪时因枪走火丧命。

众多探险家和学者从来也没有放弃对尼罗河源头的考察和论证。1865年，著名的英国传教士兼探险家戴维·利文斯敦在寻找尼罗河源头的过程中误入刚果河流域，未能证实斯皮克的发现。1871年，美国探险家亨利·莫顿·斯坦利对维多利亚湖进行了环湖考察，最终确认了斯皮克的发现。至此，维多利亚湖是尼罗河源头的结论为举世所公认（现在一般把从西入维多利亚湖

的卡格拉河作为尼罗河源头）。

尼罗河源头所在地也就是维多利亚湖的出水口，位于乌干达的金贾市。在河源西岸的高地上，耸立着一座三角形的尼罗河源头发现纪念碑，碑文上刻着斯皮克的全名，下面用英文写着："1862年7月28日斯皮克在这里发现了尼罗河的源头。"

维多利亚湖的成因

在非洲的三大湖泊——坦噶尼喀湖、马拉维湖和维多利亚湖中，前两者是东非大裂谷断裂时形成的，属于断层湖，而维多利亚湖在成因上属于构造湖，是因地壳运动使地面渐渐下沉而形成的浅积水盆地，也是三大湖中水最浅的一个。坦噶尼喀湖是世界第二深湖，平均水深700米，而维多利亚湖的平均水深只有40米，相比之下实在是太浅了。

不过，维多利亚湖仍然是世界上最大的淡水鱼产地之一。众多渔村环湖分布，独木舟穿梭其间。这里除了种类繁多的丽鱼科土生鱼种外，还有数量众多的尼罗河鲈鱼。一条尼罗河鲈鱼重量能超过45千克，还曾有纪录达到94千克，真是令人难以置信。湖中还有很多鳄鱼和河马。乘船游玩维多利亚湖，可以看到成百只河马相互追逐嬉戏。鸟类数量也极其丰富，塘鹅、白鹭和鸬鹚的数量多得令人咋舌。

维多利亚湖周围森林茂密，牧草丰富，野生动物繁多，狮子、大象、豹子、犀牛、斑马、长颈鹿等随处可见。肯尼亚、乌干达、坦桑尼亚三国都是非洲首屈一指的旅游大国，而它们发展旅游事业的得天独厚的条件就是丰富的野生动物资源。湖滨地带还盛产各种热带水果，尤其是绿色的芭蕉树比比皆是，品种达200多种。

延 伸 阅 读

美丽的维多利亚湖，从卫星云图上看却是黑色的，这是为什么呢？原来，维多利亚湖最深的地方有82米左右，平均差不多是在40米左右。加上周边环境没被严重破坏，水体没有被严重的污染，水质好，比较清澈，阳光被吸收后，几乎没有大的反射，所以，看起来是黑色的。

大熊湖

大熊湖小档案

地理位置：加拿大西北部，北极圈经其北部

面积：3.1万平方千米

平均水深：137米

特点：北极熊聚集地，世界第八大湖

形成原因：第四纪冰川挖蚀而成

大熊湖是加拿大第一大湖，北美洲第四大湖。因湖区多北极熊得名，位于加拿大西北部，北极圈经其北部。

北极熊最喜欢的湖

大熊湖跨越北极圈，湖形极不规则：湖中央部分由两个夹岬角扼住，北面扩开，像个三角形大喇叭。总体形状差不多是一张皮撑开、没有头的大反刍动物的兽皮。

大熊湖其长约322千米，宽40千米~177千米，面积3.1万平方千米。湖面海拔156米，平均水深137米，最大深度413米。大熊湖的湖水寒冷清澈，多游鱼。东岸的采矿中心"镭港"和西岸的商业点"富兰克林堡"是湖区主要居民点。大熊河从湖西岸导出，经沼泽地流入马更些河，在4个月不封冻的季节里是最重要的

交通航道。

　　大熊湖就像是一个真正的地中海，其长与宽包括了好几个纬度。大熊湖的水温在各个大湖中是最低的，一年中有8个月~9个月是封冻期，7月中旬以后就可以通航了。

　　大熊湖的支流不多，湖水向西经过大熊河流向麦肯锡河，不过由于气候严寒，大熊河附近比较荒凉。

　　18世纪末西北公司商人到此，1799年在湖岸地区建立贸易站。1825年英国人约翰·富兰克林来此探险。建在马更些河边上的孔菲当斯堡和古德霍普堡当时是哈得孙湾公司所辖的最北边的两个商站；孔菲当斯堡建在大熊湖的最北边，这是一个极为重要的地方，湖水冬天结冰，夏天通航，因此它与最南边的富兰克林

堡保持着贸易往来。尤其是孔菲当斯堡，在大熊湖岸边和水面上开发经营，同时与高纬度上的印第安人猎手进行日常的交易。20世纪初东岸地区发现沥青铀矿，1930年开始开采，从矿砂中提炼镭、铀，并有银、铜、钴、铅等副产品。大熊湖里有许多野鸭，盛产白鱼、湖鳟等。大熊湖的东岸有个叫雷钉港的居民点，曾经是加拿大有名的镭产区。埃科贝（镭锭港）为采矿中心，也是湖区最大居民点。

大熊湖畔的巨变

图腾港，位于大熊湖南的小镇，在一般的地图上，你根本就无法找到它的位置。现在的图腾港正发生着天翻地覆的巨变，令民风淳朴的小镇转眼变得热闹非凡。这是因为有人发现图腾港附近一带的峡谷，埋藏着一些晶莹闪烁的矿物，这些矿物至少有二三十亿年的历史。不得不说这就是一笔财富，以亚尔伯特省为基地的道森集团，在短短一年中，集资50亿加币，在图腾港做出重大的投资，成立数十个勘探营地，令小镇的失业人数在一夜之间消失。

大熊湖虽然荒凉，但岸边上并不缺少绿色植物，积雪融化的山丘上分布着苏格兰松之类的含松脂的林木。这些树有40米高，提供了堡垒居民整个冬天的烤火木材。那长着柔软枝条的粗树干呈很有特色的浅灰色，茂密的林木延伸至湖边，排列整齐、挺拔，树高相同，使景色显得很单调。树丛间长满浅浅发白的小草，散发出百里香的芳草气味。这种很香的小草名叫"乳香草"，把它扔到火红的炭上，就会发出芳香的气味。

延 伸 阅 读

大熊湖是高山中的一个大淡水湖。靠山面水的大熊湖，不但在白雪皑皑的冬季提供最佳滑雪场地与设施，更在烈日炎炎的酷暑中，提供多样的水上娱乐活动。大熊湖是洛杉矶周边最著名的滑雪场所之一。冬天，一般洛杉矶下了雨后，大熊湖的山上就会有积雪。加上大熊湖滑雪场的造雪机器，无论洛杉矶的阳光多么明媚，你都可以尽情滑雪，待回到洛杉矶，还可以去海滩免费冲浪。能够在同一天又滑雪又冲浪的地方恐怕也只有大熊湖了。

温尼伯湖

温尼伯湖小档案

地理位置：加拿大的曼尼托巴省温尼伯市

面积：2.44万平方千米

平均水深：15米

特点：加拿大南部未发展的原始水系中的一部分

形成原因：冰雪开始消融时形成湖泊

温尼伯湖是北美洲中部的大型湖泊，位于加拿大的曼尼托巴省温尼伯市以北约55千米处。

原始水系的分支

温尼伯湖的面积为2.44万平方千米，是加拿大南部边界最大的湖泊，也是加拿大南部未发展的原始水系中的一部分。

温尼伯湖由众多河流汇成，湖水经纳尔逊河排入哈得逊湾，在航运和商业性捕鱼业起着重要作用。南岸为主要游览区。主要岛屿有赫克拉、迪尔和布拉克等。

温尼伯湖是加拿大第三大淡水湖，也是地球上第十二大淡水湖，但相对水深较浅，更新世冰期后巨大的冰川湖——阿加西兹湖的残遗。南北长442千米，东西宽32千米~112千米湖面海拔217米。

温尼伯河、雷德河、萨斯喀彻温河等多条河流，分别从东、南、西三面注入；湖水经纳尔逊河从北部流出，1974年已在该河上筑坝，控制湖泊水位。

温尼伯湖的湖盆较浅，平均水深15米，最大深度28米。湖水体积371立方千米。湖内渔产丰富，并有航运之利。南岸为游览区。

气候和地理

温尼伯湖和五大湖一样，处在古老地质向新地层的过渡地区，也是由大陆冰川穿掘而成。这里曾经是一个很大的湖泊，地质学家把它叫作阿加西兹湖，是被大陆冰川穿掘成的低地，冰雪开始消融时形成的湖泊。

阿加西兹湖南北长1120千米，东西宽400千米，比今天的五大湖的总面积还大。这个古湖的水面比现在的温尼伯湖高出210米。当时湖水是向南流经明尼苏达河注入密西西比河。大冰川退出本地区后，湖水改向北流入哈德逊湾，这个湖就缩减成现在的温尼伯湖，原来的湖底变成了广阔的湖成平原。

温尼伯湖周围平原比附近冰碛区平坦，而且肥沃。本地的气候又比较湿润，因此这里成为很好的农业区，是加拿大主要的

春小麦产区。

温尼伯湖在温尼泊市北部，马尼托巴省省会，地理上属于西加拿大。温尼泊是加拿大第八大城市，地处加拿大东西交通干道，是加拿大空运和陆运的交通枢纽。

温尼泊市的纬度与我国的哈尔滨接近，四季分明，日照充足。其气候相当极端，整体来说温尼伯湖附近的温尼伯是世界上最冷的大城市之一，11月到次年3月之间平均温度都处于0℃以下（夜晚甚至可以到零下24℃），5月到9月温度经常达到30℃，甚至有时候高达35℃。全年降雨与降雪概率比其他大草原城市更多，但全年阳光充足，距美国边境只有一个小时的车程。

延 伸 阅 读

温尼泊是一个运输、经济、制造业、农业与教育的重镇。同时也是西加拿大的重要交通枢纽，距美国边境仅96千米。该市的加工业、运输业、电力工程和农业技术发达。生活学习费用较低，勤工俭学比较方便。温尼泊的城市中心有大量土著居民（因纽特人）的接待站，是加拿大土著人聚集地之一。当地有两所公立大学：温尼泊大学和马尼托巴大学。

尼加拉瓜湖

尼加拉瓜湖小档案

地理位置：尼加拉瓜西南部

面积：8157平方千米

中部水深：18米

特点：唯一有海洋鱼类，如鲨鱼、箭鱼和大海鲢的淡水湖

形成原因：更新世时期火山活动导致一部分海水与海洋隔离形成

　　尼加拉瓜湖是中美洲最大的湖泊，位于尼加拉瓜西南部。尼加拉瓜湖一词源于印第安部落首领尼加拉奥，该部落居民分布于湖滨，因之得名。

甜甜的海

　　尼加拉瓜湖位于尼加拉瓜西南部，具有这个国家最显著的自然特征。湖长177千米，平均宽58千米，面积8157平方千米，中部水深约18米，最深点位于奥梅特佩岛东南方。当地的原住民称尼加拉瓜湖为科西沃尔加，意为"甜海"；而西班牙人称之为马尔·杜尔塞，含义是"淡水海"。

　　尼加拉瓜湖与其西北面的马那瓜湖之间有蒂皮塔帕河沟通。两湖原为太平洋海湾，由于火山活动而与海洋隔离，形成湖泊。从湖的东南角流出的圣胡安河，全长180千米，两岸森林繁茂，为尼加拉瓜与哥斯达黎加的界河，向东南注入加勒比海。在湖西南的里瓦斯地峡，成为隔离湖域与太平洋的狭窄走廊。

湖泊中的鱼类已经逐渐适应了水体的淡化，因而尼加拉瓜湖成为唯一有海洋鱼类，如鲨鱼、箭鱼和大海鲢的淡水湖。湖水由40多条大小河流补给，其中以蒂皮塔帕河最大。

禁止游泳的湖

湖面水位随着雨季、旱季的交替而变化，雨季5月~10月水位上升；旱季12月到次年4月水位下降。表层水温通常为24℃，底层为16℃。

湖中有大小岛屿400多个，最小的只有几百平方米，绝大多数岛屿树木繁荫，热带果树常年葱绿，少数岛屿有居民定居。湖中

最大的岛是奥梅特佩岛，长26千米，宽13千米，面积达300多平方千米。

从该岛发掘出来的大量古代石像和陶器，表明这里曾是美洲古代文明的遗址。岛上盛产咖啡、可可、玉米、香蕉和其他水果，还有棉花和烟草。

现在太平洋与尼加拉瓜湖之间有19千米的地峡相连，地峡中水深不一，约在23米~70米之间。湖水通过圣胡安河流入加勒比海。

湖面上水鸟云集，湖内盛产各种咸水鱼，有鳄鱼、鲨鱼、海鳖等。鲨鱼是由加勒比海上沿着圣胡安河游到湖里的，所以尼加拉瓜湖内禁止游人游泳。

延 伸 阅 读

更新世又称洪积世，是地质年代名称。第四纪的第一个世，距今约180万年。这一时期绝大多数动植物属种与现代相似。特征为气候变冷、有冰期与间冰期有明显交替。此时，欧洲发生了五大冰期：多脑冰期、群智冰期、民德冰期、里斯冰期和玉木冰期。那时猛犸、骆驼、马、巨型河狸、狼和短面熊等适应寒冷气候的动物，在整个冰期都生活在亚洲、欧洲和美洲大陆。

马拉开波湖

马拉开波湖小档案

地理位置：委内瑞拉西北部沿海马拉开波低地的中心

面积：14344平方千米

平均水深：20米

特点：世界上最富足的湖

形成原因：安第斯山北段断层陷落形成

　　马拉开波湖是南美洲最大的湖泊。位于委内瑞拉西北部沿海马拉开波低地的中心，是安第斯山北段断层陷落的构造湖。口窄内宽，南北长190千米，东西宽115千米。

用不完的"石油湖"

　　马拉开波湖位于委内瑞拉的西北部，总面积14344平方千米，最长处212千米，最宽处92千米，是委内瑞拉同时也是南美洲最大的湖泊。

　　马拉开波湖湖面宽广，一望无际，水深平均达20米。靠南的部分有大小150多条内陆河注入，是淡水；湖北部出海口有近10千米宽的水面与加勒比海相接，水很咸。

　　马拉开波湖是世界上产量最高、开采最悠久的"石油湖"。

由于储量大，原油源源不断地从湖畔的裂缝中溢出，浮在水面上。从湖的一岸眺望湖面，只见井架林立、油管密布、油塔成群，景色十分壮观。中国石油在委内瑞拉的湖上项目，就指的是作业在马拉开波湖内的项目。

湖上大桥是南美洲跨度最大的桥梁之一。马拉开波湖区周围的沼泽地为世界著名的石油产区。

马拉开波大桥于1962年建成，是世界上最早的混凝土斜拉桥，主桥5孔，跨径235米，全桥长8.6千米。壮观雄伟的马拉开波大桥不仅是连接湖两岸的交通枢纽，也是湖区一景，是当地人的骄傲。为纪念独立战争时期的英雄，人们把这座大桥称为乌尔塔内塔将军桥。

世界上最富足的湖

马拉开波湖被誉为世界上最富足的湖。宽广的湖面上采油站、井架、磕头机比比皆是，整个湖区有7000多口油井，年产7000多万吨原油。

马拉开波湖的渔业资源也十分丰富，除出产大量鱼虾外，现在湖边的许多地方也搞起了水产养殖。湖岸四周是大片肥沃的牧场，是委内瑞拉全国

最重要的畜牧业基地，这里出产的牛奶和奶酪占全国的70%。

当地人把马拉开波湖的形状比喻成朝加勒比海开口的钱袋，湖口的乌尔塔内塔将军大桥是扎着袋口的绳子，湖底和四周埋藏的全是石油和美元。

马拉开波湖原本仅通过一条狭窄的水道同加勒比海连接，海水很难进入湖区内。由于周围城市的污水处理设施不够完善，这些城市排出的污水源源不断地流入湖内，这些污染的湖水甚至都不能用来灌溉周围的农田。面对"聚宝盆"的污染，湖区已经开始准备实施对其的拯救计划。

延 伸 阅 读

面对聚宝盆的污染，湖区管理部门制定了治理规划：首先，要把湖区的主要工业和炼油设施以及原油的装载点移到入海口。今后大型轮船将不再驶入湖内，原有的湖上航道也不再进行大规模的清淤。为了配合这个计划，湖区管理当局准备兴建第二座湖上大桥，以方便新的工业区建成后湖区两岸的交通。按照设想，原有的工业排废对湖区的污染将减少。

的的喀喀湖

的的喀喀湖小档案

地理位置：玻利维亚和秘鲁两国交界的科亚奥高原

面积：8300平方千米

平均水深：140米~180米

特点：世界最高的大淡水湖之一

形成原因：古地质时期的第三纪，科迪勒拉山系在强烈的地壳运动中断裂分开，形成一条西北到东南走向的构造盆地，的的

喀喀湖便在这盆地中

的的喀喀湖，位于玻利维亚和秘鲁两国交界的科亚奥高原上，这个湖是南美洲地势最高、面积最大的淡水湖，也是世界最高的大淡水湖之一，还是世界上海拔最高的、大船可通航的湖泊，是南美洲第二大湖（仅次于马拉开波湖）。

高原上的"圣湖"

的的喀喀湖位于玻利维亚和秘鲁两国交界的科亚奥高原上，被称为"高原明珠"，湖面达海拔3821米，平均水深140米~180米，最深处达280米。湖中有日岛、月岛等51座岛屿，大部分有人居住，最大的岛屿是的的喀喀岛，有印加时代的神庙遗址，在印加时代曾被视为圣地，现在仍然保存着昔日的寺庙、宫殿残迹。的的喀喀湖区域是印第安人培植马铃薯的原产地，印第安人一向把的的喀喀湖奉为"圣湖"。的的喀喀湖海拔高而不冻，处于内陆而不咸。四周群山环绕，峰顶常年积雪，湖光山色，风景十分秀丽。的的喀喀湖沿西北到东南方向延伸，长190千米，最宽处80千米。狭窄的蒂基纳水道将湖分为两个部分。湖水源于安第斯山脉的积雪融水。东南的部分较小，在玻利维亚称维尼亚伊马卡湖，在秘鲁称佩克尼亚湖。西北的部分较大，在玻利维亚称丘奎托湖，在秘鲁称格兰德湖。

的的喀喀湖的湖水清澈微咸，含盐度在5.2~5.5之间。水面平均温度14℃；自20米的温跃层往下水温逐渐降低，水底温度为11℃。水中可测到含量的物质有氯化钠、硫酸钠、硫酸钙和硫酸镁。有25条河流流入的的喀喀湖，只有一条德萨瓜德罗河从湖中

流出到另一内陆咸水湖波波湖，带走入湖水量的5%，的的喀喀湖其余水分主要由大量蒸发消耗，但的的喀喀湖仍然保持一个含低盐度的淡水湖，主要盐分被德萨瓜德罗河带走，不过湖的水位有季节性变化，而且数年都是有周期变化的。的的喀喀湖四周被雪峰环抱，湖水不断从高山和冰雪融水处得到补充，所以湖水并不咸；又因为湖泊地处安第斯山的屏蔽之中，高大的安第斯山脉阻挡了冷气流的侵袭，所以湖水更是终年不冻。

的的喀喀的来历与传说

的的喀喀湖形成于古地质时期的第三纪，在强烈的地壳运动中，随着科迪勒拉山系隆起及巨大的构造断裂，在东科迪勒拉山脉和西科迪勒拉山脉之间，形成了一条西北到东南走向的构造盆地。的的喀喀湖就位于该构造中。经过第四纪冰川作用，湖区变得更加物产丰富，绚丽多姿。

传说中，水神的女儿伊卡卡爱上青年水手蒂托，水神发现后大怒，将蒂托淹死。蒂托死后化为山丘，伊卡卡则变成浩瀚的泪湖，印第安人将他俩的名字结合一起称为"的的喀喀"湖。阿依马拉族也认为，他们世代崇拜的创造太阳和天空星辰的神也来自湖底。

1862年，第一次在湖上航行的轮船是预先在英国制成部件后用骡子驮到的的喀喀湖组装成的。现在则有定期班轮往来于秘鲁湖岸的普诺和玻利维亚的小港口瓜基。瓜基与玻利维亚首都拉巴斯之间有一条窄轨铁路相连。另有一条铁路（世界最高的铁路之一）从普诺通往阿雷基帕以及太平洋海岸，使内陆国玻利维亚有了一条通往海洋的重要联络通道。

丰富的资源

居住在的的喀喀盆地上的艾马拉人现仍使用印加时期以前在梯田上耕作的方法。他们种植大麦、昆诺阿藜（一种能长出小谷

粒的苋草）和从阿尔蒂普拉诺引进的马铃薯。的的喀喀湖附近有世界上最高的耕地——海拔4700米的一大片麦田。在这个高度上，谷物永远不会成熟，但其茎秆则可用作美洲驼和羊驼的饲料。这两种驼是骆驼在美洲的亲缘动物，印第安人用作役畜，也当作肉类食用，还取驼毛保暖。

的的喀喀湖富含渔产和飞禽，湖中鱼虾众多，岛上水鸟聚集。湖中盛产鳟鱼和体长达30厘米的巨蛙，由于捕捞过度，导致灭绝的危险。目前秘鲁和玻利维亚政府都已经制定禁止滥捕鳟鱼的法令。湖底和香蒲周围生长着茂密的水草，水中游鱼嬉戏，清澈可见。在香蒲丛中觅食的野鸭，受到游艇的惊扰，咯咯咯地叫着飞向远方。其中有一种名叫"波科"的鸭子，两翅五彩缤纷，头呈墨绿色，而面颊却是雪白。

延 伸 阅 读

的的喀喀湖的湖心小岛塔丘勒有着靛蓝的湖水，与天际翻滚的白云和疏密有致的作物景观构成了一幅风景绝佳的画卷。湖岸和岛屿上的许多遗迹证明，这里曾是美洲最早的文明发源地之一，也是南美洲印第安人文化的发源地之一。

安大略湖

安大略湖小档案

地理位置：加拿大安大略省

面积：19554平方千米

水深：244米

特点：世界最大的淡水湖群，五大湖中面积最小

形成原因：第四纪冰川挖蚀而成

安大略湖是世界第十四大湖，北邻加拿大安大略省，南毗尼亚加拉半岛和美国纽约州。

安大略湖概况

安大略湖的海拔高度为75米。湖岸线长1380千米，最深处有244米，最宽处为85千米，最大的流入河流是尼亚加拉河，最大的流出河流是圣劳伦斯河，是北美洲五大淡水湖之一，属于世界最大的淡水湖群。安大略湖是五大湖中面积最小的，为19554平方千米，但是蓄水量（1688立方千米）超过伊利湖（1639立方千米）。

"安大略"这个名字来自易洛魁语，意思是"美丽之湖"或"闪光之湖"，加拿大的安大略省就因此湖而得名。安大略湖经韦兰运河和尼加拉河与伊利湖连接，经特伦特运河通佐治亚湾。北面为农业平原，工业多集中在港口城市多伦多、汉米敦和罗彻斯特。其他港口还包括京斯顿，奥斯威戈等。

安大略湖湖区的农业发达，工业集中于湖港周围，主要港口有多伦多、哈密尔顿、金斯顿等。港湾每年12月至来年4月不通航。1932年韦兰运河的开凿、1959年圣劳伦斯航道的完成，使安大略湖对世界航运的影响更加重要。安大略湖周围人口密集，安大略省三分之一的人口聚居于此。

安大略湖略呈东西延伸，大致成椭圆形，著名的尼亚加拉大瀑布上接伊利湖，下灌安大略湖，两湖落差99米。湖岸线较平直，仅东北端较曲折。北岸为平原，南岸为尼亚加拉崖壁。

安大略湖全年通航期8个月，上游4大湖湖水经尼亚加拉河流入，流域面积7万平方千米（不包括湖面积），湖水向东经圣劳伦斯河注入大西洋，与周围湖、河有运河相通，如西南经韦兰运河

与伊利湖相连，西北经特伦特运河与休伦湖的佐治亚湾相连，东北经里多运河与渥太华河相连。

探险者的发现

2008年6月，两名热衷于探索沉船的爱好者宣布，他们于6月初在加拿大的安大略湖湖底发现了一艘沉没于美国独立战争时期的英国战舰，由于地处寒冷阴暗的深水地带，船体保存完好，看上去像是刚沉没不久。

据美国媒体报道，这两名探险家是吉姆·肯纳德和丹·斯科维尔，他们利用旁侧扫描声纳以及一个可无人操纵的潜水仪器测定了这艘名为"HMS安大略"号的沉船的位置，它于1780年在狂风暴雨中失踪。这是迄今为止在五大湖区域发现的唯一完整的英

国战舰，也是历史最为古老的失事船只。

吉姆·肯纳德和丹·斯科维尔表示，他们视这艘沉船为战争遗物，并没有打算将其打捞或者擅自挪动任何船上的物品，而且该船应该仍属于英国海军部的财产。

对于这艘沉睡于152.4米水下的船只的具体位置，两名探险者讳莫如深，只称是在湖的南部沿岸发现船体残骸的。

斯科维尔说："通常情况下当船只在大风暴中沉没的时候多少都会受到冲击，一般不会完整无缺地沉没。而这艘船在一场暴风雨中被卷入湖底仍然保持得如此完好简直令人称奇。船上甚至还有两扇窗户尚未破裂，而一般情况下船在下沉时由于水内外压力不同，窗户会被挤压碎的，总而言之，这真是一艘美丽的船。"

有40年潜水经验的吉姆·肯纳德最早在安大略湖水域寻找这

艘船是在35年前，但几年下来毫无结果便放弃了努力，6年前他又与志同道合的斯科维尔组成了探险小组，在经过不懈的搜寻后，这对探险家终于在本月初发现了消失了两个多世纪的"HMS安大略"号。

延 伸 阅 读

加拿大作家亚瑟·布里顿·史密斯在《湖的传奇》一书中详尽描述了"HMS安大略"号，书中认为能够发现一艘保存完好的独立战争时期的战舰简直令人难以置信，这称得上是考古史上的奇迹。如果不是海底的附着物，这艘船看上去真像上周刚刚沉没的。

科莫湖

科莫湖小档案

地理位置：意大利伦巴底区，米兰以北40千米

面积：145平方千米

水深：410米

特点：以它的气候和繁茂的植被资源闻名

形成原因：意大利北部阿尔卑斯山山区著名湖泊之一

科莫湖在米兰以北40千米，是阿尔卑斯山脉的一个冰川湖，

面积145平方千米，为意大利第三大湖。即使在初夏的阳光下，科莫湖水也是冰冷刺骨的，有人形容它是"像玻璃一样透明和冰凉"，这大概因为它是来自阿尔卑斯终年不化的积雪的原因。

像人间天堂一样的湖

科莫湖位于阿尔卑斯山南麓的一个盆地中，被几座山包围并分割，总体呈"Y"字形，是一个狭长形湖泊。湖区以自然环境优美和湖畔雅致的别墅闻名。因此，科莫湖又被人们称为世界著名风景休闲度假胜地。

科莫湖以它的气候和繁茂的植被资源闻名，湖岸的植物繁茂，有葡萄、无花果、石榴、橄榄、栗树和夹竹桃等，水产有鲑、鳗、鲱等鱼类。但由于污染，湖鱼大量减少。

这里的气候温暖、潮湿，正是这样的气候促使了植物的繁茂生长，各种各样的地中海植物：丝柏、月桂树、山茶花、杜鹃花、木兰和仙人掌；南方的羊齿科植物、松柏类植物，如雪松和橙树沿着湖岸茂盛地生长。并且，在受保护的其他的湿地生长着许多的热带和亚热带的植物。

令人惊奇的旅行

由于湖上的天气多变，因此，在湖上起航可以被认为是一个十分了不起的举动，甚至可以认为是一次令人惊奇的旅行。当然，起航的时机掌握可能是非常偶然的，突然之间大风可能把平静的水面吹得波浪起伏，甚至突降暴风雨；也可能当你借助一阵好风起航，而在航行到湖中时却突然变得风平浪静，甚至得要在安静的湖中停留几个小时。因为它易变的风，科莫湖成为一个极好的航行的训练场地。

事实上，沿着湖岸有许多的航行学校和俱乐部。在适宜航行

的季节里，在此地有很多国际比赛进行，特别是在湖区的莱科地段，在湖面进行帆船活动，这是一个让科莫湖风的特性得到体现的最重要的项目。

延 伸 阅 读

科莫湖独特的景观使国际上的一些著名的影片都纷纷在此取景。美国导演乔治·卢卡斯《克隆人进攻》的部分外景就是在科莫湖边拍摄的。后来令卢卡斯想不到的是，这个他自己在度假时偶尔发现的美丽所在，竟然被不少观众误以为是电脑制作的场景。

埃尔湖

埃尔湖小档案

地理位置：澳大利亚的中部地区

面积：9500平方千米

水深：1.5米（每3年）

特点：面积上是大洋洲最大的湖泊

形成原因：地面断层下陷

埃尔湖的最低点位于海平线以下的15米，是埃尔湖盆地的焦点。总面积近10000平方千米，分南北两湖，北埃尔湖长144千

米，65千米宽；南埃尔湖65千米长，约24千米宽，两湖之间由狭窄的戈伊德水道连通。

时有时无的湖

埃尔湖是澳大利亚最大的湖泊。1840年欧洲人爱德华·约翰·埃尔最先看到此湖，该湖也因此得名。而湖的范围至1870年才被测出来。埃尔湖位于南澳大利亚州中部偏东北，皮里港北400千米。埃尔湖是澳大利亚大陆最低的地方，是一个时令的浅水盐湖。澳大利亚年降水量不足127毫米，湖泊在大部分的时间里都只是干涸的湖床，湖床上覆盖着一层厚20厘米且闪闪发光的盐壳。据说如果湖泊要完全被水充满，平均每100年只有两次。当然如果埃尔湖在很难得的情况下都被注满了，那么它就是澳大利亚最大的湖泊。埃尔湖处在澳大利亚中部沙漠，这里是澳大利亚大陆的最低方，湖面比海平面低12米。埃尔湖盆地是湖床附近

的大型内流湖系统，最低的部分是因季节增加和减少水体的浅盐湖。附近干旱地区年平均降雨量不到120毫米，年蒸发量达2500毫米。在干旱季节时，当河流从山地向西流时，一路上因蒸发和渗漏导致损失很大，往往在半路上就消失了。埃尔湖岸边的小湖盛着埃尔湖剩下的少量水分，但湖水经常干涸，湖面渐渐缩小成盐池。在雨季时，河流由东北流进湖泊，季候风带来的雨量决定河水能否抵达埃尔湖及其深处，附近地区的雨水也会令湖泊有一些中小型的泛滥，算起来平均每3年泛滥1.5米，每10年泛滥4米。但湖水会在第二年的夏末中小型泛滥后被蒸发掉。

　　埃尔湖盆地没有出海口，是世界上最大的内流盆地之一。主要连接河道的有库珀溪、沃伯顿河等。埃尔湖的湖水主要来自河水及雨水。它的面积变化很大，降雨量较大时，面积可达8200平方千米。降水较少时便出现干涸。按照其平均面积它是世界第19大湖，如果按其最大面积来算，它是大洋洲最大的湖泊。

从埃尔湖的西侧可以明显看出这座盐渍化的洼地是大约3万年前地面断层下陷的产物，断层块隔断了原来的出海口。但在小雨之后，局部地区有少量入水也屡见不鲜。湖中满水后，约经过两年又完全干涸。

为什么湖水时有时无

埃尔湖的确是个很有趣的湖泊。它像幽灵一样，时而出现，碧波荡漾；时而消失，踪迹难觅。1832年，一支勘探队来到这里考察，发现一个小盆地，上面覆盖着一层盐。到了1860年，又一支勘探队来到这里，却在这里发现了一个碧波荡漾的咸水湖，第二年，这支勘探队再次来到这里，准备测量这个湖的面积时，

湖水却不见了。这种湖就叫时令湖，其水源主要是河水和雨水，如果当年雨量少，水分大量蒸发，湖水就会干涸，因而它时隐时现。根据埃尔湖的卫星照片显示，每隔3年左右，它就要"失踪"一次。那么，湖水去了哪里呢？

原因就是埃尔湖的水源主要是雨水，而湖区及附近地区属干旱气候，年平均降雨量不到120毫米，年蒸发量却可以达到2500毫米，由于蒸发量远远大于降水量，所以湖水常常会干涸。当降雨量较大时，如暴雨来临，湖盆中又蓄满了水，湖的面积可达8200平方千米，成为淡水湖；而降雨量较小时，湖水被大量蒸发，湖就干涸见底了，该湖就成了干涸的盐壳。因此使得该湖时而出现，时而消失。所以埃尔湖在地理学辞典中的面积是"0~10000平方千米"，没有一个固定的数字。

为了改变澳大利亚中部的干燥气候，科学家正在努力缚住这个"幽灵"。他们提出要开凿一条运河把附近的海湾和埃尔湖连接起来。这样，海水就会自动流向埃尔湖（埃尔湖低于海平面12米），它就不会再干涸了。

丰富的资源

埃尔湖国家公园的面积达128万公顷，是一个举世闻名的干盐湖，主要是在埃尔湖北边。当埃尔湖干枯时，埃尔湖国家公园累积的盐分多达4亿吨，比一般海水的盐分多10倍。埃尔湖上次满湖的时间是在2000年。随着当地连绵豪雨，庞大数量的鸟类凭本能感受到此地蕴含了丰饶的食物而迅速涌入。这片干旱的土地顿时变成泽国，这里更是许多大自然野生动物，如澳洲塘鹅、白海鸥、红颈鹬及高脚鸟等的栖息地。这些动物从遥远的北方昆士兰簇拥而至，觅食湖里的小鱼，繁衍生息。

延 伸 阅 读

埃尔湖边的安娜克里科群山，是一个近年才被发现的山脉，它的样子令人叹为观止：它是完全未受现代文明破坏的终极景点，在空中鸟瞰别有一番风味。这些群山由大小不同的山峰相毗连，在平坦及沙漠地段中更显突出。要好好欣赏群山美景，最好是在阳光充沛的日子，这时的山峰绽放土黄、深红及浓度不同的棕色，与天空白云和黑色航机相辉映。

陶波湖

陶波湖小档案

地理位置：新西兰北岛中部火山高原

面积：606平方千米

最深水深：159米

特点：随时会喷发的世界七大超级火山之一

形成原因：巨大的火山爆发后形成

陶波湖和美国黄石国家公园一样，是一个随时会喷发的超级火山。与黄石超级火山一起被并列为世界七大超级火山之一。

火山区的湖

陶波湖是新西兰最大的湖泊。位于北岛中部火山高原上。湖面海拔357米，最深点有159米，湖流域面积3289平方千米，南北长40千米，东西最宽处27千米。陶波湖是大洋洲中最大的淡水湖，湖中有数不清的鳟鱼。湖的面积达616平方千米，几乎和新加坡一样大。在陶波湖全年都可进行水上活动，包括滑水、拖曳伞、滑水快艇、钓鱼、游湖、游泳、划船、划独木舟、驾帆和水上飞机观光。共有47条江河与溪流灌入陶波湖，其中包括新西兰最大的河——怀卡托河。怀卡托河原本是发源于陶波湖南部的山地，注入湖中后，再从湖东北端的河道流出。这里盛产虹鳟。

陶波湖的湖水覆盖着几座火山口。陶波镇位于湖口，为附近乳牛、肉牛、羊牧区和人造林区的中心。陶波湖的四周有很多火山作用形成的山地和温泉，或作疗养地，或用以发电。建有怀卡托河水力发电厂。陶波湖是新西兰最大的湖泊。在陶波地区，无论处于哪里都可以看到火山。其实陶波湖本身就是最美的景致，它形成于一次巨大的火山爆发，那一次的巨大爆发大到连太阳都被遮蔽了。

在湖湾的西湾，原来有一个巨大的破火山口，为多角半环形，四周峭壁陡立。湾内水深约110米~130米，东部深槽处则达160米。湖水由汤加里罗河等7条河流汇集而成，经东北端的怀卡托河排出。陶波湖水温适中，冬季可以游泳，也可泛舟。湖内有岛屿和100多个水湾与上百个浅滩，享誉世界的彩虹鳟鱼钓鱼区就在这里，游客可租船在湖中垂钓，或浏览湖上的清幽景色。这里有蒸气崖和多种矿泉浴设备，20世纪60年代起开辟为水疗区，现已成为休养胜地。

附近有著名的胡卡瀑布（"胡卡"在毛利语中即泡沫的意思）。怀卡托河在此从近250米的宽阔河床突然收敛进入不到18米宽的峡谷，急流越过12米的悬崖飞泻而下，水珠似帘，泡沫胜雪，气势磅礴，蔚为壮观。

陶波湖的风貌景色

陶波湖湖边的浮石沙滩有一种内陆海的风貌，数千年来的火山活动造就了沸腾的火山口、泥浆池、喷气孔和喷气口等地貌景观，这些白雪覆盖的火山、温泉、沸腾的泥浆池和硅石台地仿佛都在诉说着它昔日剧烈动荡的历史。100多年前的人们在陶波湖中放养了虹鳟鱼和褐鳟鱼。如今全年都可垂钓。陶波湖和临近的

河流是世界上仅存的真正野生鳟鱼孵卵的地方之一。

陶波湖的夏天意味着湖上充满阳光的日子，以及可以吃烧烤的长夜，人们可以享用新鲜的烤鳟鱼及当地的黑比诺葡萄酒，这里正是新西兰生产葡萄酒最多的地区之一。这里秋天的平均气温是18℃，舒适温暖，经常充满阳光。

在3月和4月，这里的景色仍然保留着夏天的颜色，到了5月，却变为秋天鲜艳的红色了。陶波湖到了冬天时的平均气温是12℃，山上的白雪虽然环绕着这个地区，但却很少有雪花降在湖面上。

延伸阅读

陶波湖南端的东加里罗国家公园世界遗产区不仅仅因其令人激动和神秘奇特的景观而名扬四海，也因途中的火山地貌令人惊奇。正是由于昔日的地质剧变，才造就了这个区域的这些火山地貌。而陶波湖的阿拉蒂亚蒂亚激流也是一大景观，其观赏时间是每天上午10点、正午12点、下午2点（冬季）和下午4点，泄洪道的水流量可达到9万立方米/秒。

吉尔卡湖

吉尔卡湖小档案

地理位置：奥里萨邦东部，默哈讷迪河口三角洲西南

面积：780平方千米~1144平方千米

水深：2米

特点：吉尔卡湖是海岸潟湖

形成原因：四纪冰后期海侵的产物，咸冰水掩盖陆地形成吉尔卡湖

印度最大湖

吉尔卡湖在奥里萨邦东部，默哈讷迪河口三角洲西南。实际上是与孟加拉湾相通的潟湖，外有与海岸相平行的沙坝。东北—西南延伸65千米，东北较阔，西南变狭。东北由于河流注入并带来大量泥沙，湖水很浅，西南最深。

吉尔卡湖是短暂的地质现象，是第四纪冰后期海侵的产物，咸冰水掩盖陆地，经历冰河时期。随着地球膨胀，地壳分裂，陆地和海底形成，并受更强烈的太阳光线照射，大量冰川融化，液态咸水流入海床，同时云层出现；被托起的陆地中的凹地本来陈留海水，由于水少有流出，蒸发量大。冰河时期，地球与海水产生了变化，因而含盐量很高，以咸水形式积存在地表上，就形成了吉尔卡湖。其形成仅6000年~7000年历史。湖形成以后，接受沉积物的充填。

吉尔卡湖在冬季的面积为780平方千米，雨季则是1144平方千米。12月~6月海水入湖，其余月份有达亚河与帕尔加维河注入。湖内有岛屿，可进行渔猎和划船活动。沿湖有渔场和盐田，雨季湖水盐分低。吉尔卡湖在普里的正南方，海水汇聚成面积达1100平方千米的内陆湖，成为亚洲最大的咸水湖。这些浅水中有着大片大片的沼泽、低地和岛屿。

吉尔卡湖湖面上还散布着星星点点的岛屿，纳尔巴纳岛因其种类繁多的动植物群而成为吉尔卡湖动植物保护区的核心。卡利加依岛是当地渔民崇拜的卡利加依女神的故乡。一个规模很大的渔民社团为这个湖平添韵味，他们以娴熟的技术驾驶着五颜六色的帆船穿梭于水面。

良好的地理环境

吉尔卡湖是海岸潟湖。由于地处海陆相交的特殊地带，受河流和海水的共同影响，因而在水文特征和沉积作用上都具有特殊性。水深一般不足10米，呈狭长带状平行于沙堤延伸，在内侧滨海低地，常有盐沼分布，沙堤内侧为平缓潮滩。常由一条或几条

水道与外海连通或涨潮时与外海相连。

在潮流入口处，泥沙随潮而入，水道内侧形成涨潮三角洲，在水道外侧形成落潮三角洲。水体盐一般自潮流入口向河口方向递减。当潟湖与外海水体频繁交换时，其盐度接近于海水盐度，若不发生水体交换，尤其在干燥地区又无河流注入和大气降水，蒸发量又大于降水量，其盐度要高于正常海水。潟湖与外海隔离以后，形成一个稳定的沉积环境，被沉积物填满后成为潮滩，再逐步演化为海岸平原。

潟湖为沿岸的港口建设和航运提供了良好的条件，也是天然养殖场。潟湖因其独特的地理环境及波浪状况还可开发为旅游区和水上运动基地。

延 伸 阅 读

吉尔卡湖中大约有160多种鱼类。而在冬季（从11月到3月），该地区又成为成百上千种候鸟的家园。吉尔卡湖四周的群山和沙滩盛产猎豹、印度羚、猴、捕鱼猫、猫鼬和豪猪。其中印度羚属于濒危珍稀类保护动物，每到旱季就会聚集为成千上万只的大群。在吉尔卡湖入海口处，可以见到海豚嬉戏欢跃。各种蛇、海龟和蜥蜴栖息在周围的海滩地区和茂盛的灌木丛中。

塞凡湖

塞凡湖小档案

地理位置：亚美尼亚境内湖泊，离埃里温60公里

面积：1360平方千米

水深：83米

特点：由小塞凡湖和大塞凡湖两部分组成

形成原因：亚美尼亚境内湖泊

塞凡湖概况

塞凡湖的湖名是由亚美尼亚语"黑色寺院"转化而来，因湖西北角小岛上有座4世纪用黑色材料修建的古寺院，又称戈克恰伊湖，系突厥语名称，意为蓝水。

塞凡湖是亚美尼亚境内湖泊。面积1360平方千米，蓄水58.5立方千米，为高加索最大湖泊。由构造陷落而成。最深处83米。湖水由拉兹丹河经阿拉斯河注入海中。

塞凡湖四面环山，海拔1905米，有28条小河注入。拉兹丹河从西北岸流出，年平均流量16米3/秒。

湖域由小塞凡湖和大塞凡湖两部分组成。湖内盛产鱼类，鳟鱼尤多。湖滨有数座古教堂。

塞凡湖是高加索最大的高山湖泊。离埃里温60千米，是著名的游览胜地。

塞凡湖在上个世纪前苏联时期也因为引水工程而造成湖泊干涸的局面，由于湖泊的水被引到别的地方发展农业、发展经济而最后导致水资源枯竭，环境遭受严重破坏。但是后来政府出台了恢复塞凡湖的生态的政策，恢复了这里的正常的水循环，从而生态得到恢复，现在仍然是亚美尼亚重要的旅游胜地。

塞凡湖历史

公元前6世纪，来自安纳托利高原的部落在湖边燃起了第一堆篝火，自称哈依克，也就是现在的亚美尼亚人。

亚美尼亚是位于亚洲与欧洲交界处的外高加索南部的内陆国。东邻阿塞拜疆，西部和东南部与土耳其、伊朗及阿塞拜疆的

纳希切万自治共和国接壤，北界格鲁吉亚。地处亚美尼亚高原东北部，境内多山，全境90%的领土在海拔1000米以上。北部是小高加索山脉，境内最高点是西北高地上的阿拉加茨山，海拔4090米。东部有塞凡洼地，洼地中的塞凡湖面积1360平方千米，为亚美尼亚境内最大的湖。

三千多年来，无数的教堂、古堡和十字架石沿湖建起，无数的过往商队让湖边的丝绸古道密如蛛网。

塞凡湖还有着"高加索的明镜"的美誉，湖面倒映着天上的白云，倒映着地上的雪峰，像是剪下的一片蓝天，被铺在了群山之间。雪山环绕的湖水宝石般碧蓝，湖边沙滩雪白，树叶金黄，

让人如入仙境，流连忘返。

在湖畔坐落着一个以上千个十字架石著称的村子——成诺拉杜兹。成诺拉杜兹墓地坐落在成诺拉杜兹村子和塞凡湖之间山坡上，正中间还有一座小小的教堂。

阳光下，上千块古老的十字架石墓碑，如同千条神圣的眼镜蛇，齐身朝拜着西面的连绵雪峰。满是锈痕的十字架石，很多已经超过千年了。

塞凡湖畔——埃奇米河津大教堂

中世纪早期亚美尼亚古教堂，又称永久灵验教堂。它坐落在埃奇米河津附近，建于公元641年~661年，现仅存遗址。原为圆形三层的圆顶建筑，内部是一个有回廊的四瓣形教堂，正面装饰着假连拱、雕刻、浮雕，内部装饰有镶嵌画与壁画。

1901年~1907年发掘出底座、柱廊、地基、柱头及许多建筑残片，在拱门和大浮雕上塑有拿着建筑工具的人，一些人认为那是模拟当年建筑师和总建筑师阿瓦涅斯的形象；刻在一米长的石板上的日晷极引人注目。

整个教堂用彩色凝灰岩砌成，后来特·托拉马尼扬根据发掘及其设想加以重建，建成一座有三层圆顶的教堂，内部为十字形，有回廊相通。现在教堂的旁边另建了一座博物馆，一些废墟的残片陈列在这里。

它位于亚美尼亚共和国首都埃里温东南40千米的峡谷中。倚山临壑，气势宏伟，据说始建于4世纪。现在建筑物是13世纪所建，也叫艾里凡克，在亚美尼亚语中意为"岩洞教堂"，因其大部分建筑物在岩石中凿成而得名。

修道院包括1座中心教堂，两座岩洞教堂和一座王公寝陵。中心教堂建于1215年，迄今保存完整。一座岩洞教堂建于13世纪40~50年代，在中心教堂门廊西北；另一座岩洞教堂建于1283年。

寝陵位于第一座岩洞教堂斜上方，有外廊，12米见方。四排列拱作"井"字形交叉。四个交叉点为四根粗壮的石柱，中间棉花顶上是天窗，极为壮丽。寝陵及其外廊均建于1288年。

延 伸 阅 读

全球气候日益变暖使塞凡湖的水量正在不断减少。预计塞凡湖的水分蒸发量到2025年将比现在增加15%，而入水量将减少10%，湖面水位将下降20米，湖的面积将减少40%。为了保护塞凡湖，亚美尼亚自然环境保护部的专家们提出了禁止引用湖水、冻结湖上一系列动力和农业工程的紧急措施。严格控制电站用水，以保持湖面水位。